版画遇见橡皮章

橡皮皇后 著

重庆大学出版社

你好，橡皮！

　　从小学起我就喜欢攒橡皮，被这些方方正正的彩色橡胶块儿所吸引，不知不觉攒了好几大铁盒儿。橡皮不只是在童年用来改作业本上错题的小方块，也是我心中涂改记忆的法宝……

　　记得《爱丽丝梦游仙境》中的人物——红皇后，由于儿时头部受伤，再也回不到以前聪明伶俐的时候了，有缺点却又不想承认，于是把身边的人都变成有缺点的。性格率真又固执的红皇后，我很喜欢。再者，在橡皮上刻字，感觉字的笔画像一个个身披铠甲的扑克牌士兵，刻的时候我很使劲儿，有力度，又傻傻的，是不是像极了红皇后呢？因此，我要做自己生命中的红皇后。当然又因为我有橡皮这个法宝，来改变我的错误决定，所以有了"橡皮皇后"这个笔名。

动手能力，是一种默化的承续精神文脉的重要途径，而橡皮章雕刻则是众多心手相应的手作技艺里的一个小种类。它体量虽小，却可以作为教育的媒介去渗透和影响那些渴望并践行艺术创作的年轻心灵。而心灵的育化，正是一个贯彻当代教育观的可言大喻小的核心命题。

"版画遇见橡皮章"是我在相关橡皮章雕刻的"动手能力"训练过程中，进行审美教育的教学案例的一个阶段性展示。这个教学个案的时间跨度为七年，也就是说它在隐形的教育链中，将中等美术教学、高等美术研究转型为一种彼此互通、互动的行为模式。它触及了一种参与性极强的"动手美学"和随时可以介入的"体验式"规则，是一个围绕橡皮所展开的视觉游戏。

"你好，橡皮！"这个打招呼式的标题正是要将纸上谈兵的套话式的教学理论转化为一种务实肯干的生活态度。希望这种态度能产生一种无形的教育影响力，让我们动起手来，齐肩并进地慢慢用橡皮传递手作的温度吧！

橡皮皇后

2017.10

目录

第三章 花式留白，我来了！

第四章 学生作品欣赏

第一章 / 橡皮章，你好！

什么是橡皮章呢？

橡皮章是使用小型雕刻刀在专用于刻章的橡皮砖上进行阴刻或阳刻，制作出可反复盖印图案的一种休闲手作形式。刻好的橡皮章结合不同颜色、不同材质的印台，可以营造出各种缤纷的视觉效果。因为材质关系，橡皮章的雕刻时间比石刻、木刻短，表现内容较为随意，因此几乎人人可以轻易上手。这种手工形式最早流行于日本，随后传至中国台湾，到2006年才传至中国大陆。

皇后入橡皮章的坑已经近10年了，起初在美术用品商店买橡皮砖，发现一块A4大小的就要30元左右，质量也不是很好，后来无意中在网上发现澜冰家的材料比较好用，能满足小伙伴们的所有需求。本书中所有的材料都是在澜冰家买到的！（PS：而且强迫症晚期的我喜欢冷色，几乎所有范例中出现的都是蓝色系和绿色系的材料和工具。）

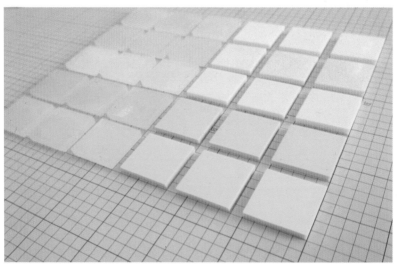

上　橡皮砖

下　彩色凉粉橡皮（左）和果冻橡皮（右）

一 材料

—— 各种各样的

橡皮

橡皮章雕刻所用的橡皮不是我们学生时代改错用的普通橡皮（质地较软），它与其说是橡皮，还不如说是一块块彩色橡胶板，所以我更愿意把这种手作形式叫橡胶版画，简称胶版画。有刚入坑的"小透明"想问皇后，那究竟什么是版画呢？版画就是由制版和印刷两个部分完成的一种艺术形式——先在不同媒介（石板、木板、麻胶板、橡胶等）上进行雕刻，再印刷出图案。

现在市面上可以买到的橡皮砖有很多种，按产地分就是国产和日本进口这两大类。按形状分有心形、扇形、正方形、圆形、长方形、正方体、圆柱体、长方体。按尺寸分为 5 cm×5 cm、5 cm×10 cm、10 cm×10 cm、10 cm×15 cm、15 cm×20 cm、A4 纸大小；圆形的直径为 2.5 cm、3.8 cm、5 cm、6 cm、8 cm。

1. 国产彩色凉粉橡皮（左）和果冻橡皮（右）

颜值很高的两款橡皮。相对于普通的纯色和夹心的橡皮砖，凉粉橡皮和果冻橡皮在材质上更加有韧性、橡胶感更多，笔刀刻下去会明显看出痕迹；用洗甲水转印效果不好，比较适合用硫酸纸手绘的方式转印。刻好的章子在保存时要独立包装，不然会很黏；章子容易粘到一起，对画面有损伤。

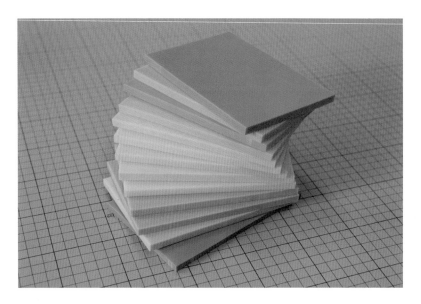

上　大果冻橡皮

下　可揭橡皮

2. 大果冻橡皮

果冻橡皮的尺寸，目前可以买到的最大的就是 10 cm×15 cm 的，冷色暖色都有，特性前面已经提到。适合制作图案稍复杂的系列作品。

3. 可揭橡皮

国产橡皮中一个有趣的种类就是可揭橡皮，颜色有两大种：白色—彩色—白色（简称白彩白）和彩色—白色—彩色（简称彩白彩）。顾名思义，第一层颜色的橡皮可以直接撕下来。有些图案我们想要背景平整的效果，可以选用这种橡皮，直接撕下第一层，不用刻花式留白（本书第三部分会详细说明）。

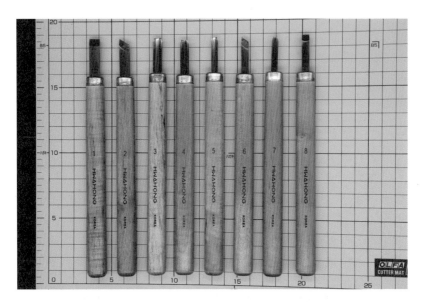

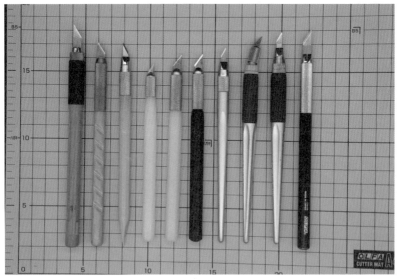

上　韩国 HWAHONG 木刻刀

下　日本笔刀

二 工具
——那些刻刀
都叫什么呢？

1. 韩国 HWAHONG 木刻刀

经过皇后在长期刻章的过程中的摸索，这一套刀是一套适合木版画的雕刻刀，也可以在橡皮砖上雕刻出木版画的效果，价格相对便宜，适合学生和初学者使用。图中 1# 和 8# 是平刀、2# 和 6# 是斜刀、3# 和 5# 是圆刀（丸刀）、4# 和 7# 是角刀。由于宽窄不同，以不同的序号区分，常见的刀口就是这四种。

2. 日本笔刀

图中这些笔刀都是来源于日本两大文具公司，一个是 NT cutter，另一个是 OLFA 爱利华。这些是刻橡皮章常用的一些笔式美工刀，简称笔刀。从左至右分别是：NT cutter 大黄，OLFA 玉米秆，OLFA 小黄；NT 的小珍珠、大珍珠和黑珍珠，NT 的小银、旋转笔刀、戴胶套小银，OLFA 的大黑。

作为初学者，买一把小黄（左3）就可以独闯江湖啦，随着技术不断提高，可以再慢慢增加工具的种类。皇后平时比较喜欢用大黑和小黄、小银，金属的刀杆很有分量呢，刀片的角度有 30° 和 45° 之分，如何选择，根据个人喜好，没有统一的标准。这些笔刀在大型美术用品店可以买到，也可以网购，价格从 30 元到 100 元不等。

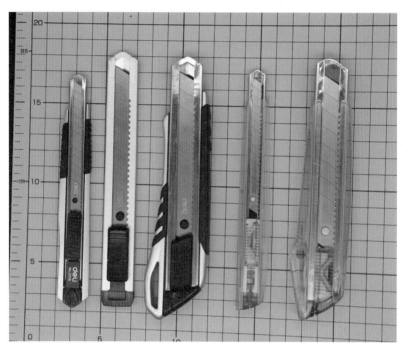

美工刀

3. 美工刀

在切割橡皮砖时我们还会用到美工刀，这个大家应该都很熟悉了，皇后是"装备控"，所以颜值高的工具都喜欢收入怀中。右边两个是日本 NT cutter 的美工刀，有趣的设计在于其内部是不锈钢的刀柄，外面加之透明的塑料壳，推手部分用一种透明的单色加以装饰，让皇后觉得一把普通的美工刀不再冰冷，晶莹剔透，能和小清新的印台、章子配合使用。左边三把是 deli 得力的美工刀，根据宽窄和薄厚也有不同的型号，大家可以根据自己的使用习惯来选择。

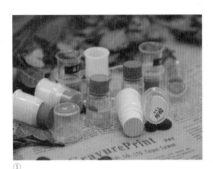

①

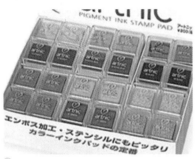

②

③

①津久井智子指套印台　②artnic 小单方艺术印台

③多用印台小间敬子特调色

三 印台
——刻好的章子怎么印？

【日本印台】

日本印台都是由月猫公司生产的。TSUKINEKO（月猫），1958 年由几位专家成立于日本，现在已成为欧、美、日知名专业墨水印台公司，主要生产各类事务性、专业用及手工艺用等墨水与印台。

①津久井智子指套印台（蚕豆印台），共 24 色，用于可吸收表面，例如纸、布、木材（无涂料）等材质，比较适合小朋友使用，便于涂色和大面积上色，印在布料上的时候，非常清晰，且耐水洗，但粗纤维和表面起毛的布料不易印盖。在木材上同样适用，色泽鲜艳，快干，是配合橡皮章使用的好工具。

②artnic 小单方艺术印台，共 98 色，水性（其中 AS—91、AS—92、AS—93、AS—94 为金属色、油性），为非快干型印台，用于普通纸张。干燥时间为 10 ~ 15 分钟，根据天气、素材的不同，干燥时间不同。

③多用印台小间敬子特调色，共 35 色，其颜色是由小间敬子女士独创，所以印台用她的名字命名。一般用于可吸收表面，如纸、布、木头（无涂料）等材质，图案非常清晰，不会洇。用在布上的时候，颜色亮丽，而且耐水洗；用在木材上的时候也一样，色泽鲜艳，干燥非常快。

④

⑤

⑥

⑦

⑧

④ Encore 纸用金属单色印台小号　　⑤ MD 水滴艺术印台

⑥ BD 珠光水滴纸用印台　　　　　⑦ 高等细节印台小号

⑧ GD 水滴多用型印台

④ Encore 纸用金属单色印台小号，共 8 色，油性，用于普通纸，颜料含细致的银质粉末，根据纸质的不同会有不同程度的掉落，适用于表面细腻的卡片纸（深色效果更佳），无酸无毒，色彩典雅浓郁，可上透明的浮雕粉，干燥时间为 7 ~ 10 分钟，根据天气、素材的不同，干燥时间也会不同。

⑤ MD 水滴艺术印台，共 36 色，水性，快干型印台，可用于普通纸、照片纸、覆膜纸、艺术纸和喷墨打印机纸等，最重要的是遇水不化。其特殊外形设计（水珠形状）方便立于案面，一头尖的造型更便于小范围局部上色，干燥时间为 3 ~ 5 秒（艺术纸）、1 秒（喷墨打印纸），根据天气、素材的不同，干燥时间也会不同。

⑥ BD 珠光水滴纸用印台，共 28 色，水性，纸用印台，且带有珠光，可用于普通纸、铜版纸、厚纸板、木材（无涂料）、粘土等上面，上色非常均匀，不褪色、不掉色。因印盖的纸张材质不同，可能会有珠光脱落的现象。其特殊外形设计（水珠形状）方便立于案面，一头尖的造型更便于局部上色，干燥时间为 10 ~ 15 分钟。

⑦ 高等细节印台小号，共 12 色，油性，为 速干型印台，适用于普通纸，颜色鲜明，不易晕染，用于印盖特别精细的图案，对细线的描绘特别清晰，印出的图案耐水、耐光，干燥时间约为 5 秒。

⑧ GD 水滴多用型印台，共 36 色，水性，不仅可以用在普通纸、铜版纸、厚纸板、木材（无涂料）、粘土等上面，还可以用于皮革、照片等上面，是可吸收表面的多用印台，上色非常均匀，不褪色、不掉色。其特殊外形设计（水珠形状）方便立于案面，一头尖的造型更便于局部上色。

⑨ StazOn mini 油性速干印台 ⑩ BR 珠光印台
⑪ CQ 复古印台 ⑫ 高等细节印台
⑬ ColorPalette 5 色印台 ⑭ KA 彩虹印台系列
⑮ NIJICO 慢干水性彩虹印台

⑨ StazOn mini 油性速干印台，共 12 色，印台设计更精致实用，多用于非吸收性表面，比如塑料、金属、玻璃、陶瓷、油漆面等，也可以用于半吸收表面，比如铜版纸、皮革、陶瓦等，干燥时间为 3 秒 ~ 5 分钟。

⑩ BR 珠光印台，共 6 组，每组 3 种颜色，BRILLIANCE 纸用光泽印台，水性，纸用印台，且带有珠光，可用于普通纸、铜版纸、厚纸板、木材（无涂料）、粘土等上面，上色非常均匀，不褪色、不掉色。因印盖的纸张材质不同，可能会有珠光脱落的现象。干燥时间为 10 ~ 15 分钟。

⑪ CQ 复古印台，共 12 色，是速干型油性印台，适合用于普通纸张，不能用在吸收性较差的纸上。印上去之后能清晰地表现出细小的花纹和形状，具有较好的耐水性、耐光性。干燥时间约 5 秒。

⑫ 高等细节印台，共 12 色，适用于普通纸张，颜色鲜明，不易晕染，用于印盖特别精细的图案，对细线的描绘特别清晰，印出的图案耐水、耐光，干燥时间约为 5 秒。

⑬ Color Palette 5 色印台（简称 CP5），共 9 种，水性（金属色是油性），无酸无毒。金属色颜料里面含有细致的金属质感的粉末，一般用在普通纸张上，适用于表面细腻的卡片纸（如珠光纸等），色彩显得更加典雅。

⑭ KA 彩虹印台系列，共 20 色，水性，滑动式印台，可以避免印油混色，一般用于光泽纸（有吸水性的纸类）、艺术纸（有吸水性的光泽纸）、纤维纸（宣纸）、普通纸、喷油式纸等上面。如果是光泽纸的话会有特别美丽的亮色，干燥时间根据纸质、材料、气候以及印油颜色不同会有所区别。

⑮ NIJICO 慢干水性彩虹印台，共 5 色，水性，用于普通纸，做出的图案非常清晰、颜色鲜艳，而且不会洇，干燥时间为 10 ~ 15 分钟。

①

②

③

④

① ColorBo× 六色猫眼粉彩印台

② ColorBo× 八色花瓣粉彩印台

③ Clearsnap ColorBo× 林肯印台

④ Tim Holtz's Distress 复古旧色印台

【美国印台】

① ColorBo× 六色猫眼粉彩印台。印台形状两头尖中间大，如猫眼形状，尖头便于局部、细节处上色。六色可拆分使用，可随意换序、拼色，小小的犹如眼影盒般可爱。属快干型手持印台，干燥时间视使用纸张、介质表面、天气状况而定。可手持或用手写笔直接用于纸张、剪贴簿、铝箔、光滑塑料、热缩片等。用水易清洗，无酸无毒。

② ColorBo× 八色花瓣粉彩印台。八色印台形状分两种，一种是长方形，另一种是花瓣形。两种各有特色，长方形方便换序制作长形彩虹色。花瓣形尖头便于局部、细节处上色。为快干型手持印台，干燥时间视使用纸张、介质表面、天气状况而定。可手持或用手写笔直接用于纸张、剪贴簿、铝箔、光滑塑料、热缩片等。用水易清洗，无酸无毒。如果"热定型"，可防水。

③ Clearsnap ColorBo× 林肯印台。水性，不透明印台，可配合浮雕粉使用。适用于普通纸和布料上色。不能用在热缩片上。每一款颜色的印台都可以取下来，根据自己的喜好进行搭配。

④ Tim Holtz's Distress 复古旧色印台。这是一款很独特的印台，复古做旧的颜色配上特殊处理的毛毡印面，使盖印效果呈现不均匀状态，像是时间久了在阳光下暴晒褪色的那种感觉，斑驳、复古是其最大特点。

不同类型的手柄

四 手柄——

章子升级『白富美』

小妙招

　　通常说来，章子如果很小，不方便盖印就需要粘上手柄，方便印制，也更美观。常见手柄有亚克力手柄、实木手柄、软木手柄三种。当然，你也可以发挥聪明才智，用你觉得合适的任何东西当手柄。

步骤图

① ② ③ ④

五 洗甲水转印法

洗甲水转印法比较快捷，各位玩家可以将自己喜欢的图纸用激光打印机打印出来，把有图的一面贴上橡皮，背面倒洗甲水，用橡皮章的包装袋盖住，再用拨片刮一刮，撕开带图案的纸，就转印好了。这样可以百分之百地还原图案的内容，对后面的雕刻作了很好的铺垫。（ps：打印机和洗甲水的牌子还要多磨合，并非随便买一瓶洗甲水或随便在一个打印店打印完，就能转印成功，需多多尝试。）

步 骤

①洗甲水转印法所需材料：打印好的图案、橡皮砖、洗甲水、美工刀。

②最常用的橡皮砖尺寸是 $10cm \times 15cm$。当图案比橡皮砖小很多时，图案要贴着边儿去转印。很多初学者会在正中间印，这样会很浪费橡皮砖。用美工刀裁去多余的部分。

③裁好如图，裁下的其余部分可以刻其他图案。

④有图的那面贴在橡皮砖上，背面倒洗甲水，把有图案的地方都浸湿。

⑤

⑥

⑦

⑧

⑤我习惯用洗甲水的盖子背面来刮图案，瓶盖中心部分塑料凸起，所以要倾斜着刮。

⑥一只手摁住图案，另一只手用力刮，不然图案容易重影。

⑦揭开一角看看是不是转印清楚了，若清楚了就可以全揭开。如果发现没印清楚，就继续用力刮，可以补一些洗甲水，直至印清楚为止。

⑧转印完毕，如图。

六 橡皮章收纳

做了那么多章子，放哪里好呢？

①橡皮章都是橡胶材质，如果放在塑料材质上，当温度过热时容易融化粘在塑料盒上。注意不能长时间将橡皮章存放在塑料盒子里。短期展示可以选择塑料材质。

②不同质地的橡皮章必须分开放。皇后就有那样的经历：把进口橡皮和国产的夹心橡皮擦在一处，结果发现粘在一起了，转印的图案也被印到上一块橡皮的背面了。图案看不清了，影响雕刻的心情，也浪费了橡皮。如果空间有限，需要叠放，中间要用纸或布隔开。

③如果时间允许，你又刚好心灵手巧，就可以用牛皮纸（300 g 以上）制作纸盒进行收纳。

④皇后本人买了 ZAKKA 风的木质收纳柜，用它一层层的小抽屉来存放小章子和套色章子。对于 A4 尺寸的章子，我买了特别厚的密封袋单独密封，以免串色。

第二章

橡皮章十五个案例

分解教程

步骤图

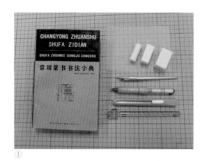

①

②

③

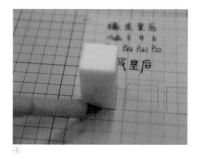

④

⑤

⑥

一 初级教程

（一）阴刻与阳刻

——篆书印章的制作

步 骤

①准备好做篆书印章所需的材料：篆书字典一本、硫酸纸、立方体橡皮、自动铅笔、直尺、裁纸刀、OLFA 笔刀。

②以"橡皮皇后"为例，"橡"字为 15 画，就像查字典一样，找到 15 画的字，再找到"橡"在第几页，如找到在第 331 页，就翻到那一页。竖着那一栏里有不同书法家写的篆书的"橡"，挑一个自己最喜欢的字体就可以了。依次查到"皮""皇""后"（在 P34、P161、P50）。

③用硫酸纸拓下"橡皮皇后"的篆书字。

④按实际大小用铅笔描出立方体橡皮砖的横截面，可以多描几个，在里面多设计几种字的布局。

⑤设计三种字的布局，从中挑选一个最满意的。

⑥将硫酸纸上有铅的那面贴着橡皮砖，一只手固定住硫酸纸，一只手拿铅笔的顶端在硫酸纸的背面轻轻地刮，就像我们小时候用铅笔拓硬币一样，把写好的篆书字"转印"到橡皮砖的横截面上。

⑦

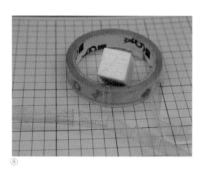

⑧

⑨

⑩

⑪

⑦能清楚地看到转印好的篆书字样，就可以准备雕刻了。和刻其他图案的雕刻方法一样，这里不再赘述。

⑧用透明胶带把转印的铅笔印粘干净，不然会把印台蹭脏，或印在纸上时会显得脏兮兮的，有点不美观。

⑨准备好暗红色的印台，模仿石刻中印泥的颜色，这个红色一定不是特别鲜艳的大红色，而是略暗的红色，显得更真实。和传统石头篆刻不同的是，不是用印章去蘸印泥，而是用印台在印章上均匀地拍打。这样，可以清晰地看出横截面接触到印台的效果。由于橡皮比石头软，所以更不能使用传统印泥，这样会把印章的缝隙填满。要用橡皮章专用的印台，这样颜色丰富，布面细腻，不会影响印章的呈现效果。

⑩这样一款仿古的篆书印章就刻好了，可以印在自己的印谱上哦。是不是非常的古色古香呢？当然，你可以把印章的四周刻得有一些残缺感，这些破损会让你的橡皮章更像石刻印章哦。

⑪当然，可以刻出很多形状的章来丰富自己的印章形式，常见的有正方形、圆形、椭圆形……皇后这样有趣的尝试可以快速地实现篆刻，也可以让中小学生领略篆书的历史和文化。

步骤图

①

②

③

④

（二）二方连续
与四方连续图案
——本子封皮

什么是二方连续呢？

二方连续纹样是指一个单位纹样向上下或左右两个方向反复连续循环排列，从而产生富有节奏和韵律感的优美的横式或纵式的带状图案。

步 骤

①这个作品，皇后选取了美洲古代图腾作为单位纹样，每次刻版之前都要亲自排版，像一种仪式；必须要认真对待每一个环节。制作这个作品需要准备一块橡皮砖、OLFA 笔刀、洗甲水、打印好的图腾图案。

②贴着橡皮砖的边去转印图案，这样可以节省橡皮上的面积，还可以印出更多的图。

③用美工刀把需要刻的图案切下来，沿着外轮廓切得小一些。

④用角刀刻去白色的地方，这种方式叫阳刻（阴刻与阳刻是我国传统刻字的两种基本刻制方法。阳刻是雕刻术语，指为凸起形状，是将笔画显示平面物体之上的立体线条）。白色区域宽的地方用大角刀刻，窄的地方就用角刀刻。

⑤

⑥

⑦

⑧

⑨

⑤继续用美工刀把图案以外的空白橡皮都切掉。

⑥用透明胶带粘去转印时留下的痕迹，让章子看起来更加干净，这样印出的图案也会比较清晰。

⑦把单位纹样向左右两边重复，形成带状图案。

⑧用几种不同的图案装饰本子封皮。

⑨章子上面的颜色自然晾干。这个作品用的是日本TSUKINEKO StazOn mini 油性速干印台。

步骤图

①

②

③

④

⑤

⑥

（三）走进自然博物馆

——做个昆虫书签

步 骤

锹甲（图①~②）： 在自然博物馆拍照、选取素材，然后再手绘昆虫的造型，刻好印在牛皮卡纸上，再用冲子把书签打好孔加铜圈，最后，系上棉线绳即可。

蝴蝶标本（图③~⑥）：在博物馆拍一些蝴蝶的照片当素材。

⑦

⑧

⑨

⑦每个蝴蝶刻两个版，线条一个版，底色一个版。

⑧先盖浅绿色的渐变色的底版，再加盖深绿色的线条版。

⑨另一个蝴蝶也同样印成套色版蝴蝶。

步骤图

①

②

③

④

⑤

⑥

（四）走进植物园
——帆布袋的
再创造

步 骤

①在植物园拍照选取素材，在工作室排版打印后刻出来，用美工刀切好边（省略雕刻步骤）。

②印制布袋所需材料有空白布袋、刻好的夏天和冬天的橡皮章、两套不同字体的字母章、KA 印台。

③ KA 印台打开之后，将其推出形成连续的彩色，再用印台拍在橡皮章上。

④将图印在布袋上，再用事先刻好的字母章盖上想表达的话。

⑤用蓝色系的毛线帽来代表冬天的作品完成。

⑥用枚红色 KA 印台印的盛开的花朵代表夏天，把橡皮章印在布袋上。

⑦

⑧

⑨

⑩

⑪

⑦盖上 SUMMER 的字母章。

⑧晾干布袋上的颜料，可以把袋子叠整齐，方便下次使用。

⑨刻两个版，准备做套色的花朵卡。线稿一个版，底色一个版。

⑩盖的时候先印轮廓版，颜色可以浅一些。再在上面印线稿的版，颜色比底色略深。

⑪这样就形成了套色的花朵卡。可以沿着外轮廓剪下来，以后可以做成立体贺卡。如果你有什么更好的创意都也可以用这样的方法哟。在此，皇后就抛砖引玉啦！

步骤图

①

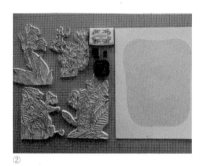
②

③

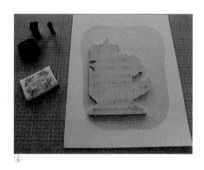
④

⑤

⑥

（五）工笔花鸟
——纸本作品

步 骤

①第一步完成线稿在橡皮砖上的转印，我喜欢切边，当然也可以保留矩形的轮廓。

②完成刻版环节，准备好自己的篆书印章（初级教程里面涉及过），还有托裱好的宣纸。皇后喜欢这种有质感和肌理的纸，用起来有画工笔画的感觉。

③用高等细节印台拍在刻好的版上，准备盖印。

④用纸盖在版上或者用版盖在纸上都可以。不过这个纸比较大，中间的扇形可能会因为是背面而无法印在合理的位置，所以皇后选择用版去盖在纸上。因为刻过留白，所以对于初学者而言可能不太好印，拿不住，毕竟橡皮砖的厚度只有 0.8 cm。针对这种情况可以加一个透明的亚克力手柄，既美观又方便拿。

⑤印好后如图。印之前要事先在心中想好，哪边要盖印章，哪边印花，还要考虑花的朝向，做到胸有成竹。

⑥四个版都印好了。

⑦

⑧

⑨

⑦在角落处盖上自己的印章，不要太靠上，那样会重心不稳，又破坏画面。最后在最下面签字，这也是版画独有的签名方式。用铅笔书写，是国际惯例，也是为了防伪：T3 代表橡皮章这个版种；2/10 是印数，总共印了 10 张，这是第二张；Rubber Queen 是作者名字，橡皮皇后；最后，"2017.4"是创作日期，只写年和月，不写具体日期。

⑧如图。

⑨如图。

①

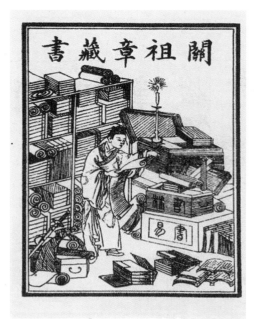

② 藏书票展示

二 中级教程

（二）藏书票都包含哪些元素呢？

什么是藏书票？

藏书票（Bookplate），是一种小小的标志，是以艺术的方式，标明藏书属于谁，也是对书籍的美化装饰，属于小版画或微型版画。一般是边长为5~10cm 见方的版画作品，上面除主图案外，要有藏书者的姓名或别号、斋名等。国际上通行在票上写上"EＸ—LIBRIS"（拉丁文）。这一行拉丁文字，表示"属于私人藏书"，被誉为"版画珍珠""纸上宝石"。藏书票一般要贴在书的扉页上。

世界第一枚藏书票

藏书票出现于 15 世纪欧洲文艺复兴时期。目前能见到的最早的藏书票为德国人 Johannes Knabensberg 所有，制作时间在 1470 年，全开画面上的刺猬，脚踩几棵被折断的花草，口衔一朵被折下的花，飘动的缎带上，幽默地写着"慎防刺猬随时一吻"的字样。

中国第一枚藏书票

国家图书馆从馆藏图书中发现一枚迄今为止所知最早的中国藏书票——"关祖章藏书票"。这枚书票贴在 1910 年出版的《京张路工摄影》集中，画面为一古代书生在满室书卷中夜读的情景，具有浓厚的书香气和中国古典文化神韵，是一枚构思巧妙且与藏书主题紧扣、契合的书票。画工精美，上方"关祖章藏书"五字，秀逸刚劲。

步骤图

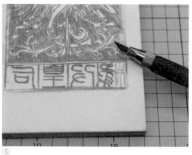

步 骤

①在硫酸纸上手绘图案，上面必须有三个元素：图案、拉丁文 Ex—LIBRIS、票主的名字。

②有铅笔印的那面贴着橡皮砖。

③一只手扶住，另一只手用拨片刮一刮，完成转印。

④转印好如图。

⑤用笔刀（笔式美工刀）刻篆书文字——橡皮皇后。

⑥文字部分刻好如图。

⑦　⑧

⑨　⑩

⑪　⑫

⑦用胶带把转印的铅笔印粘干净。

⑧粘干净后如图，这样后面如果印得浅，印台就不会被铅笔印弄脏，影响印出来的效果。

⑨皇后习惯用高等细节印台作为试印，可以买一些 10 cm×15 cm 的卡纸来印片。

⑩文字和图案分开刻时，为了保证每次印完的位置一样，可以用亚克力手柄固定。这样也可以做成双色的藏书票。

⑪这是皇后参加一个版画比赛时创作的《鲤鱼跃龙门》系列。一个手作人应该掌握很多技能，熟练使用 Photoshop 等软件，可以在修图排版时使用，非常方便。

⑫同样用胶带把版子粘干净。

⑬

⑭

⑮

⑯

⑬粘干   兼麻烦，但不做会影响后期印的效果，
转印时纟   上。

⑭同系歹   名每一次要根据图案设计位置，而不
是随便刻   ，要考虑构图。

⑮同系列的另一个版，我喜欢外轮廓是异形的藏书票，而且里面还会雕刻
成正方形留白（也叫华夫饼留白，所有留白方法你可以在第三章找到）。

⑯如图。

①

②

③

④

⑤

⑥

⑦

（二）传统文化的传承

——为语文课文刻插画

这七张插画是我 2015 年带着初一的学生为初中语文课文做的，雕刻方法在这里不作赘述，其实是想给大家展示橡皮章还有这种做法。很多学生和家长都会问我刻橡皮章有什么用，我也思考过这个问题，我在想，我作为美术学院油画系研究生毕业的人和普通的学生玩家有什么区别。我想初学时"技术控"是我们所追求的，但是慢慢地就应该转成自己创作，创作能力才是最主要的，做原创作品也是我一直努力的方向，而不是一味地从网上找图案、找素材，这样纯粹炫技是没有意义的。好的技术是为了更好地表达你自己的想法，其实不管是木板还是橡胶板，我们雕刻作品是为了表达，是向社会发声，因此要关注时事。时事在我们身边真实发生的，第三章有我当时为时事做的版画展示。

国画、油画、版画、雕塑是美术的四大分类，学美术的人都知道，人们通常叫"国油版雕"。我注意到近年的国画、油画画班越来越多，传统文化被炒得很热，就出现了很多书法班，但是版画和雕塑的工作室或画班却很少。我更喜欢版画，也希望能让更多的家长和学生从小就知道这个画种。总说传承传统文化，那么让家长和学生看到可以用橡皮章的方式为语文课文刻插图，还可以为生物课刻标本，这样诸多跨学科的结合，很有意义。

①

②

③

④

（三）人像定制
——父亲节 母亲节
为他们刻个章吧

春节回奶奶家的时候，第一次去赶集，发现身边还有这样一群可爱的人，他们付出自己的辛勤和汗水，在半个月一次的集市上卖一些农产品。我看到了现场磨香油的人、修鞋的老爷爷、买菜的老奶奶、炸爆米花的机器，这些很生活化，他们活得很真实，很努力。想想平时我和小伙伴们去南锣鼓巷、三里屯等地方聚会就餐，但在这里看不到所谓的"名牌"，都是一些很朴素的衣服和生活必备品。这让我想到或许可以用橡胶板这种新兴的材料创作一些作品，让更多的人看到还有这样的一群人在这样生活，于是这一系列有力量的《赶集》作品就应运而生了。

⑤

⑥

3/20　T3　rubber queen　2016.12　赶集（七）

⑦

示例图

　　当然，你还可以为身边的朋友刻一幅肖像画作为生日礼物，这比直接买来的礼物用心多了。也可以试着为爸爸做一幅版画肖像作品，作为父亲节礼物送给他。

　　狗和猫是很多家庭首选的宠物，它们是我们的朋友和家人。你有没有想过为它们制作一张肖像作品呢？

步骤图

①

②

③

④

（四）宠物肖像私人定制

步 骤

①有时候可以转印好纹路，再染印台的颜色，不一定全刻完才算完成，只要能达到自己想要的效果，可以随时停下。打破传统观念，把这个版装进框里也很好看。

②也可以在橡皮砖上画下自己的宠物，直接雕刻。

③、④我的工作室里养了几只猫，这是对 Lucy 的拟人化卡通形象，背景和主人公分成两个版刻，可以和其他主人公交替印制。在阳光明媚的午后，约三五个好友在咖啡馆在橡皮砖上画下自己的宠物。

祈福天津系列

① 原稿

①

②

③ 原稿

③

三 高级教程

（一）新闻纪实
——每个人都可以变成新闻记者

每天我有用收音机听新闻的习惯，当 2015 年 8 月天津滨海新区爆炸事件发生的时候，我震惊了，在网上浏览了大量的新闻稿，挑选了几张图，连夜创作出七幅版画。想起鲁迅先生弃医从文、以笔当枪的故事，那么我也要用自己的橡皮说话，向社会发声。

用软件处理照片的方式有很多种，相信大家都有自己的方法。只是想提示大家：即便转印后，我们也不能完全依赖这个图，要时刻清楚自己在刻照片的哪个部分，根据自己的意愿去处理这些整体和局部。

④ 原稿

④

⑤

⑥

⑦原稿

⑦

反法西斯战争胜利 70 周年系列

①

②

③

④

　　时逢 2015 年反法西斯战争胜利 70 周年，皇后创作了四幅作品：《又逮着俩！》《支援前线》《时刻准备着》《安排部署》。这些作品在炎黄艺术馆展出。

步骤图

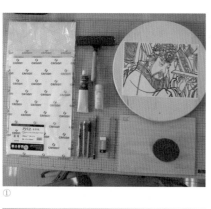

①

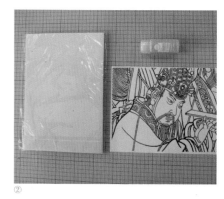

②

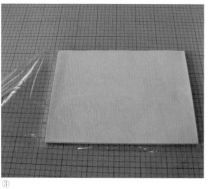

③

④

（二）什么？永乐宫壁画也能刻？

皇后之所以这么钟爱永乐宫题材，是因为在首都师范大学美术学院上大二那年上过白雁老师的元代永乐宫壁画临摹的课，觉得用皮纸和蜡做旧很有意思，曾用一个月的时间临摹了永乐宫壁画的局部。后来就想着用版画的方式重新诠释永乐宫壁画。

步骤

①所需材料：A4 橡皮砖、法国 CANSON 水彩纸、橡胶滚、木版画油墨、洗甲水、32K 椴木版、马莲、尺子、樱花橡皮、施德楼铅笔、自动铅笔、OLFA 笔刀（小黄）、OLFA 笔刀（大黄）、打印好的图纸、转盘、木蘑菇。

②准备好橡皮砖、图纸、洗甲水转印。

③撕开橡皮砖的塑料包装，将图纸有图那面贴着橡皮。

④倒上洗甲水，确保有图的地方都被洗甲水浸湿，再把塑料包装袋盖上。

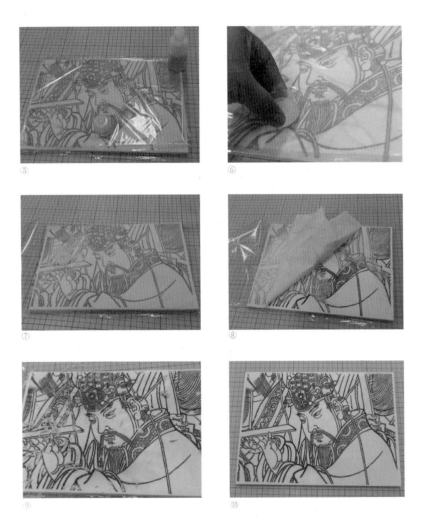

⑤ ⑥

⑦ ⑧

⑨ ⑩

⑤焖几秒钟，一只手按住塑料包装，另一只手用洗甲水的盖子在塑料袋上刮一刮。

⑥用力在包装袋上刮一刮，有时候能发现墨的颜色被洗甲水腐蚀掉一些，这是正常的，不用担心。

⑦打开塑料包装袋，根据经验看看是否需要再用力刮刮。

⑧应该在洗甲水未干之前快速撕开图纸。

⑨趁着潮湿迅速搓下剩余的图纸，注意不要把刚印上还未干的线条搓下来。

⑩如果还有没处理干净的纸，可以拿自来水冲一下，用布擦干，这样图案就特别清晰，也能把洗甲水的味道清除。

⑪　　⑫

⑬　　⑭

⑮　　⑯

⑪如果刻 A4 的大版，转起来不太方便，可以在下面放一个转盘。

⑫用大一些的笔刀把一下子可以刻出来的地方直接刻掉，例如三角形、长条形、平行四边形。

⑬接下来再刻一些大块的不规则图形，也是可以立刻刻出来的。

⑭一些稍大面积的区域，不能立即刻出来，就需要刻搓衣板留白或者其他花式留白。

⑮按照这样的方法用大笔刀把能刻的都刻了。

⑯用自动铅笔和尺子把大面积的区域打上格子，准备刻正方形留白。

⑰

⑱

⑲

⑳

㉑

㉒

⑰打好的格子如图。

⑱从一个角开始地毯式突破，不能从中间的格子开始刻，那样会乱的。切记：留白不能太高，不然滚上油墨，油墨会印到纸上。

⑲刻完所有正方形格子。

⑳换用小笔刀，刻弧线时把笔刀当成圆规。

㉑把剩下的细节用小笔刀刻完。

㉒刻好，如图。

㉓ 准备印版，需要准备椴木板或者玻璃板当作打墨台，还有木版画油墨和橡胶滚子。

㉔ 把油墨调均匀，滚动时听见剌啦剌啦的声音就证明油墨可以了，一次不要在打墨台上挤太多油墨，一旦滚子粘太多油墨，会把刻好的版子的缝隙堵住。

㉕用滚子在版子上滚好油墨。

㉖两只手抓住纸的两边，目测让版子居中。

㉗对准后按下去，用手轻轻按压。

㉘一只手按住，另一只手用木蘑菇按压。

㉙掀起一个角打开看看是不是印清晰了。

㉚确认都印清楚后，捏着纸的两个角掀起来。

㉛

㉜

㉝

㉞

㉛印好如图。

㉜把其他元代永乐宫的版子也准备好。

㉝把其他几个版印好。

㉞盖上篆书印章。我是用StazOn—24号油性速干印台印的，当然大家也可以挑选接近中国画中传统印泥颜色的其他型号的印台。

步骤图

① ②

③ ④

（三）过年，请门神啦！

步 骤

①所需材料：画框、刻好的门神 10 cm×15 cm、美工刀、自动铅笔、胶枪。

②用美工刀撬开画框后面的铁片。

③打开画框，如图③所示。

④撕开塑料板前后的薄膜。

⑤

⑥

⑦

⑧

⑨

⑩

⑤把塑料板先安回画框里。

⑥再用白色纸框撑起来，让作品和塑料片之间有一段间距。

⑦准备好刻好的门神版，确保之前印过的颜料都晾干了，不会沾染别的地方。

⑧对准白色卡纸之后，在卡纸边上签名。

⑨把胶枪插上电源，在版的四周涂上胶。

⑩迅速拿出刚才的白色纸框。

⑪

⑫

⑬

⑭

⑮

⑯

⑪趁胶枪涂上去的胶没干之前，把白色的卡纸粘上去。

⑫把粘好的版和卡纸塞回画框。

⑬再加最外面这层黑色的纸板，用美工刀把铁片按出去。

⑭这样就安装好了。

⑮还可以做 A4 大的门神，准备好橡皮砖、打印好的图纸、洗甲水。

⑯把有图案那面贴着橡皮砖。

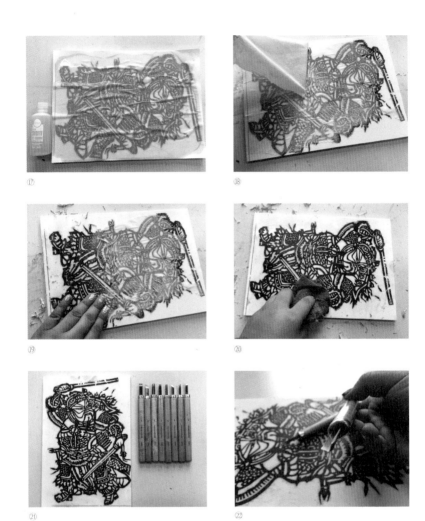

⑰

⑱

⑲

⑳

㉑

㉒

⑰倒上洗甲水，把图纸浸湿。

⑱撕开图纸。

⑲趁洗甲水没干，把剩余的图纸搓掉。

⑳用抹布擦掉纸浆，并擦干多余的洗甲水。

㉑准备好韩国HWAHONG木刻刀,常见的木刻刀分为角刀、丸刀、平刀、斜刀。

㉒刀口像对勾一样的就是角刀。

㉓直接铲除那些长条形区域。

㉔省略雕刻的环节，前面的内容已经讲清楚怎么雕刻了，完成如图。

㉕不同地区的门神是不一样的，这是另一组比较常见的门神。

㉖还是用一块木板作打磨台，用木版画油墨来印，把墨调均匀。

㉗均匀地在版上滚上油墨。

㉘用 300g 的牛皮纸来印门神会有一种做旧的感觉，而且那些斑驳的痕迹也很有木刻的味道。

㉙

㉚

㉛

㉙印好如图。

㉚当然也可以尝试各种印制的纸。买了写对联的红纸，印出来真的可以贴在家里的门两侧哦。

㉛或许也可以印在布上，后期再用中国画颜色来填色，下面剪成布条，上面用布卷着木棒，可以缝上加棉绳挂在工作室的墙上，旁边再摆一盆绿植再好不过了。大家可以试试看，这里，皇后就不摆出做好的效果啦！抛砖引玉，不禁锢你的想法才是好文哟！一千个读者有一千个哈姆雷特嘛。

学生赏析毕加索的作品

①

②

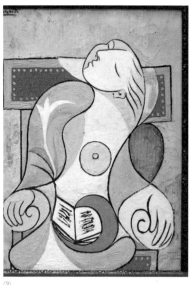

③

④

（四）走进博物馆
——毕加索的画
你想收藏吗？

课程名称：《向大师致敬系列——毕加索》

指导教师：橡皮皇后

授课对象：初一学生（13岁）

　　之所以选取毕加索的作品，是因为他是一个不断变化艺术手法的探求者，他在各种变异风格中都能保持自己粗犷刚劲的个性，并且在各种手法中都能达到内部的统一与和谐。同时，毕加索也是每一个初中阶段的学生都听说过又不真正了解的外国著名艺术家。

第一阶段：学生赏析毕加索的作品（45分钟）。

临摹毕加索的作品

第二阶段：学生用水彩笔和彩色铅笔临摹毕加索的作品（60分钟）。

修图

①

②

第三阶段：用光影魔术手进行数码暗房→原图去色→铅笔素描效果的修图

（5分钟）。

雕刻毕加索的作品

①

②

③

第四阶段：学生在用橡皮章的方式雕刻毕加索的作品（3 小时）。

版画的制作程序性很强，像一个生产过程，有一道道的工序，它不只是靠我们自己的感觉，还得靠理性的操作。我觉得这可能是它和其他画种的区别，容易让人进入对作品生成的操作状态上。同时，在材料与新技术上的发展也使它具有一种开放性。

当代艺术本不应分媒介的，就艺术而言，媒介本身并没有什么决定性，对艺术的认识才是最重要的。相对而言，橡皮章不纠结笔法、功法，强调制作性以及便于复制和传播的特点，更接近当代社会里视觉流通的方式，这让它有一种天然的沟通便利。每种媒介都会有各自的语言魅力和技术上的专业要求。

印制雕刻的毕加索作品

①

②

③

④

第五阶段：学生印制雕刻的毕加索作品。

①

②

③

④

橡皮章这种新兴的艺术形式打破了常规的艺术创作理念，在橡皮章创作的过程中可以兼具现代和传统的艺术韵味，表现出国内非常具有创意设计理念的团队"淮秀"的艺术情感，也反映出对传统艺术内容以及传统艺术思想的回念。这种容易轻松实现的艺术形式具有商业性、视觉性、娱乐性等后现代主义大众艺术特征。

皇后是将以手绘为主要特征的油画创作与橡皮章雕刻作为彼此跨越的综合领域进行研究的。从理论到实践，在对这一特定对象的探究中，寻求认识和方法上的突破和提升。中学时期，学生的美术素养、综合认知能力相对较弱，他们的美术知识往往来自教师。俗话说"名师出高徒"，教师的教学水平、教学理念对学生的学习发展影响深远。教师需要认清未来教育的发展趋势，通过搭建多元化的教学平台来引导学生进行有效的知识学习。多元文化的美术教育要求学生学习与吸纳不同的文化。通俗地说，当代美术教育的目的不再是单纯的技术性学习，也不仅仅是对学生创造力的培养，更多的是从不同视域来反映社会文化的多样性和丰富性，从而培养出具有包容胸襟和宽广视野的综合性未来人才。

⑤

⑥

⑦

橡皮章作为一个新兴的艺术门类，既是新时期创新思维的体现，也是外来文化与本土文化融合的例子。将橡皮章引入中学美术教学，不仅能够丰富学生的美术知识，还能够引导学生进行创新思维、逆向思维，对学生当前阶段的知识学习及今后的发展都有深远的影响。哲学家维特根斯坦认为："艺术的疆域必须能无限延伸以便容纳新的、以前根本没有想到过的艺术形式，艺术是扩展的、探索性的，永远不是静止的，因而，无法预见的全新的艺术形式的出现始终是可能的。"

除学校里的美术课可以开展大师系列的版画课，还有一些非美术专业的人也可以在咖啡馆一起体验版画的制作。没有年龄限制、没有学科限制，只要你想用版子表达自己，任何时候都不晚。

步骤图

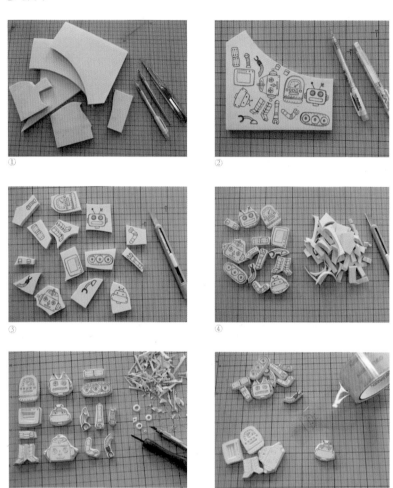

（五）如何利用
边角料？

步 骤

①我们平时总会有很多边角料，扔了可惜，留着又没法刻大点儿的图案，那么今天皇后教大家如何利用好边角料。

②把机器人的各个部位紧凑地画在边角料上。

③用美工刀把各个部位切开。

④把切开的部位修整齐，随时把垃圾放在一边。

⑤用笔刀和角刀把章子刻完。

⑥用胶带把铅笔印粘干净。

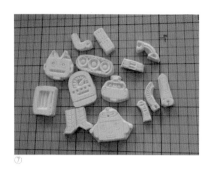

⑦

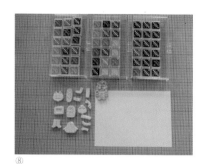

⑧

⑨

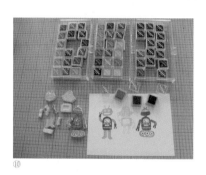

⑩

⑪

⑦粘干净，如图。

⑧准备一套水性印台和卡纸。

⑨开始在卡纸上自由搭配和试色。

⑩印好了一种组合。

⑪对比发现，觉得棕色那个机器人的整体效果好。

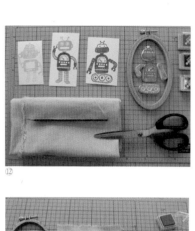

⑫

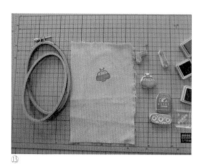

⑬

⑭

⑮

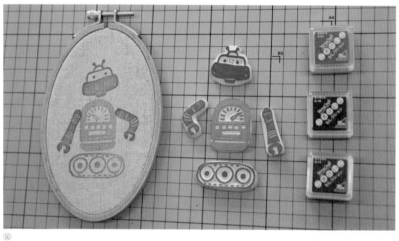

⑯

⑫准备好麻布、绣花的绷子、剪刀和棕色系印台。

⑬在麻布上从头开始印，并提前设计好其他部分的颜色，做到胸有成竹。

⑭印好如图。

⑮用竹绷子把印好的麻布片夹紧。

⑯把竹绷子拧紧。用剪刀剪去其他多余的布。这样就做好了，连带着也装饰了客厅。

步骤图

①

②

③

④

（六）套色橡皮章

步 骤

①刻好线稿的版子，一次印出需要的张数。

②可以借助套色神器，来印里面的每一个色块。

③从一种颜色开始印。

④印第二种颜色。

⑤

⑥

⑦

⑧

⑤印第三种颜色。

⑥印第四种颜色。

⑦把字母印上。

⑧这就是皇后用过的所有印台和色块。

第三章／花式留白，我来了！

步骤图

一 搓衣板留白

（难度：简单）

我们经常能看见很多橡皮章上面的空白处，有类似于"留白"这样的创作方法，雕刻出好看的线条进行装饰，而"留白"这个词来自中国画。

步 骤

①准备好所需的 $5cm \times 5cm$ 的橡皮砖、直尺、OLFA 笔刀、自动铅笔。

②为了把搓衣板留白刻整齐，新手可以拿直尺画好框，把需要刻搓衣板的留白平均分配。

③像握笔一样的姿势握住笔刀，时刻准备在想刻的线的左边下刀。刻的深浅刚开始也许掌握不好，通过十几个橡皮章的训练，你的手就会形成肌肉记忆，也就是我们常说的手感。笔刀的刀刃都插入橡皮，其深浅就比较合适了。把外侧的方框先刻一遍，这样后面就好刻了。

④刻完一刀之后，把橡皮砖转一下方向，把第一条的另一边刻一下，这样就能剔除第一条搓衣板。

⑤把后面几条线也刻完，这样一个方向的线就刻完了。

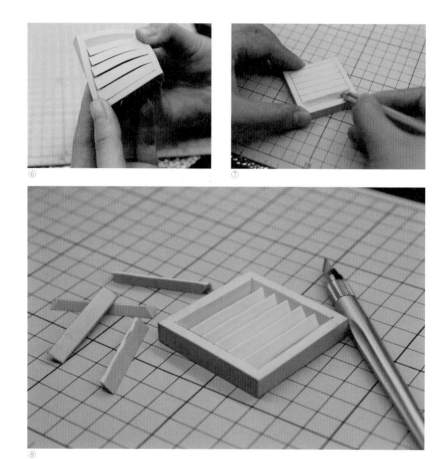

⑥

⑦

⑧

⑥像百叶窗一样，不要刻一条线转一下方向，先把一个方向刻完再转方向，这样比较快。

⑦转一下方向，下刀的点要比平面深2～3mm，为的是让搓衣板比平面深一点，不然印台盖上去时搓衣板上也会沾染上颜色。

⑧后面每一条都重复上一步，比平面深一些，这样一个搓衣板留白就刻好了。

步骤图

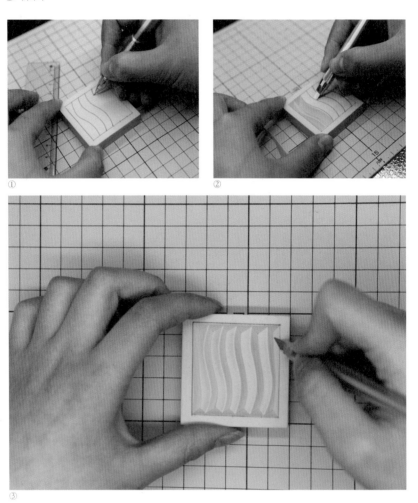

① ② ③

二　海浪留白（难度：简单）

步　骤

①其实海浪留白是前面搓衣板留白的一个变形，是皇后在搓衣板的基础上自创的留白样式。在需要刻花式留白的区域内画出等距离的波浪线。

②像刻搓衣板留白一样，把一个方向的线先刻完。

③再换方向，在比平面深一些的位置刻完所有的弧形搓衣板即可。

步骤图

三 金字塔留白（难度：一般）

步 骤

① 先刻成搓衣板的样子，前面讲过了。

② 斜 45° 贴着左边每一行切下一个小三角形。

③ 把橡皮砖转一个方向，沿着每一行的尖向反方向再切下一个小三角形，每一行都是这样。

④ 再转回第二步的方向，重复第二、三步。

⑤ 多重复几遍就可以得到图中的样子。

⑥ 完成。

步骤图

① ②

③ ④

四 三角留白（难度：一般）

步 骤：

①为了保持三角形排列整齐，先用直尺和铅笔画出均匀分布的三角形。

②以一个三角形为单位，从一个角开始刻，在三角形的三边各刻一刀，就可以挖出最靠边的一个三角形。关键是从第二个三角形开始，凡是能看见侧面黄色白色分界线的那个边，都要从两种颜色分界的地方下刀，在平面上下刀时按事先画好的线刻即可。初学者可以用夹心橡皮刻，可以很好地把握刻的深度。否则，如果三角形留白太高，盖的时候会被印台弄脏。

③如果三个边刻的深度刚好，用笔刀轻轻一扎就可以把三角形剔除，多练一下就会很好地掌握深浅。

④剩下的部分重复前面的步骤即可，我有意从白色的一半地方下刀，这样可以让所有三角形留白多一个白边。当然也可以不留白边，直接从黄色与白色交界处下刀，得到的就是纯黄色的三角形留白。

步骤图

①

②

③

④

⑤

⑥

五 华夫饼留白（难度：一般）

步骤

① 先用铅笔打上方格，方格不要太大，不然一下刻不出来，宽度保持在 1 cm 以内比较合适。

② 从一个角刻出一个正方形，在每条边上斜 45° 刻一刀，就可以扎出一个倒着的小金字塔。

③ 必须按顺序挨着刻，不然最后的格子是斜的。在刻表面的线时，直接刻在线的位置上即可。

④ 在刻侧面的时候，要从白色和蓝色的交界处下刀。如果想留着白边的话，就要在白色的中间下刀。如果不想要白边，就直接从两种颜色交界处下刀。初学者还是要买夹心橡皮练习的。这样后面刻复杂图案时才能做到工整平滑。

⑤ 一个接一个地刻下去，重复前面几步。

⑥ 完成。皇后在所有的留白图解时都用正方形橡皮砖作示范，是为了美观哦。但是在实际雕刻的过程中，可能在一个异形的区域内需要刻华夫饼留白，外形会让你分心，所以一定要用尺子比着按照线来刻。

步骤图

①

②

六 × 留白

（难度：一般）

步骤

①先画出正方形格子，再连接所有对角线，就得到图中的 × 图。这种留白应该说是正方形留白和三角形留白的结合。三边形、四边形的留白有很多共性，只要掌握好深浅，甚至可以画成异形来刻花式留白呢。

②刻的方法和华夫饼留白一样，从一个角开始刻，地毯式地挨着刻就可以了。

步骤图

①

②

③

④

⑤

七 冰凌留白
（难度：难）

步 骤：

①还是先画成 × 留白的样子，这个冰凌留白应该说是 × 留白的升级版，很像雪花，所以皇后把它命名为冰凌留白。

②所有的花式留白都是从一个角开始，先刻出一个小三角形，方法这里不再赘述。

③侧面要从两个颜色的交界处下刀，比平面要深，不然会被印台弄脏。

④顶面直接斜 45° 按照画好的线刻就行了。这样可以刻出挨着的第二个三角形。

⑤同样方法刻出第三个三角形。

步骤图

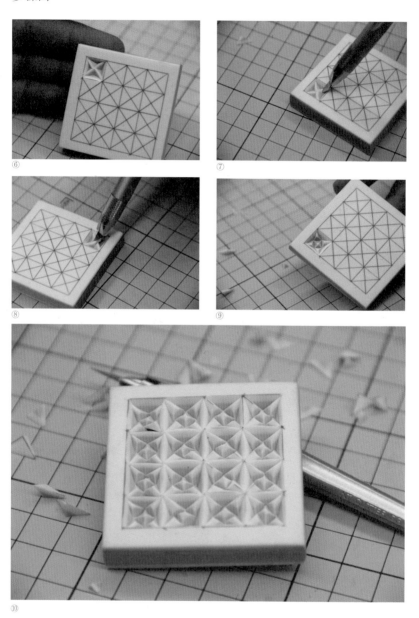

⑥

⑦

⑧

⑨

⑩

⑥再重复前面几步，这样就刻完一个基础的 × 留白。

⑦从 × 的一个棱中间下刀，向中心下刀。

⑧其他三个棱也是用一样的方法，注意不要把冰凌的芯刻掉。

⑨这样就得到了一个单位的冰凌，可以作为一个单位纹样。

⑩其他单位也重复前面的九步即可。

步骤图

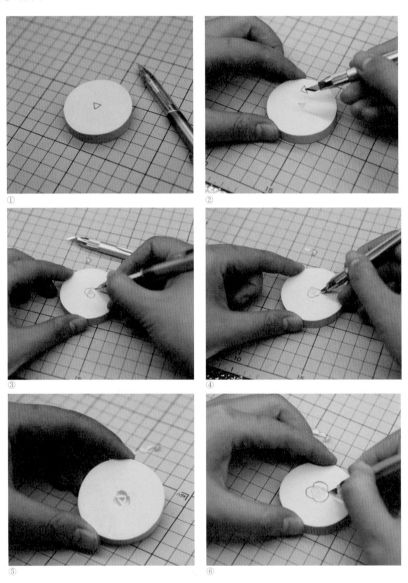

八 玫瑰花留白
（难度：难）

步骤

① 在中间画一个等边三角形。

② 用角刀把它刻下来。

③ 以三角形的边长为直径，画三个半圆。

④ 把刚画的三个半圆刻下来。

⑤ 刻完三个半圆是这样的。

⑥ 在两个半圆的弧中间的点进行连线，再画成半圆，把两个半圆连接。

⑦

⑧

⑦第二圈的半圆刻完了。

⑧再重复刻两边半圆的方法，每一朵花刻四层左右为宜。花式留白看起来简单，其实很需要你的手眼配合。因为弧线很难刻，不像前面的几种留白都是以直线的花式留白居多。刻每一个半圆的时候手要稳，刻的时候其实可以随意一些，不一定非要这样机械地画半圆。当你有一些经验之后，可以想象着玫瑰花的样子，多刻几层花瓣。刻无定法。

步骤图

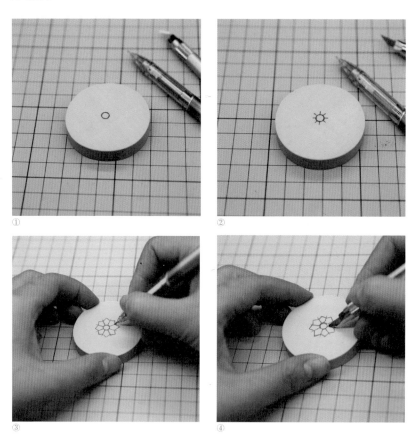

① ② ③ ④

九　向日葵留白

（难度：难）

步骤

① 在中间画一个圆形。

② 画一个八等份的刻度。

③ 两个刻度之间连一个小折线。

④ 沿着中间的圆形把外轮廓的圆圈刻下来。

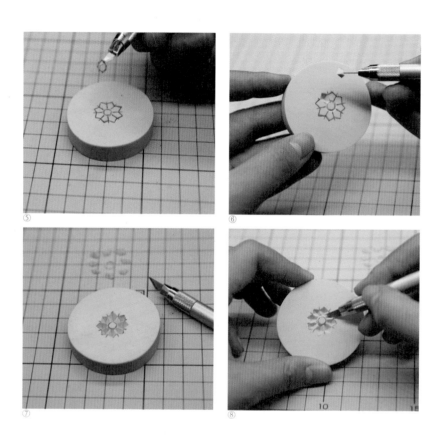

⑤

⑥

⑦

⑧

⑤在两个刻度之间的四边形每个边 45° 刻一下，会扎出一个四棱锥。

⑥把一圈的八个四棱锥都刻下来。

⑦在八个小棱的中间呈 45° 刻一刀。

⑧把其他几个边也刻完，重复此步骤即可。

第四章　学生作品欣赏

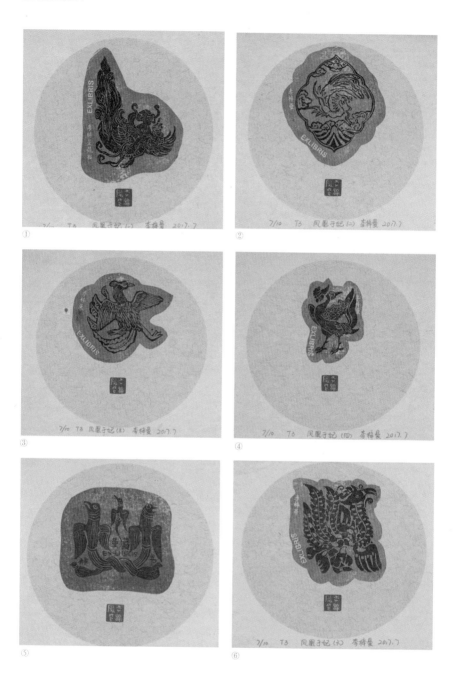

① ② ③ ④ ⑤ ⑥

一

凤
凰
于
妃

作者是小学四年级学生李梓曼，9岁，有一定的造型能力。她挑选了一些传统的凤凰图案作为藏书票创作的主体。我为她挑选了托裱好的宣纸卡纸，中间的镜心是麻纸，更能凸显古朴吉祥的凤纹。我们多次尝试配色，发现红色和金色印完有些脏，红黑色又太暗淡了。最终定下来用浅棕色来模拟绢的颜色，旁边的EXLIBRIS和票主名"李梓曼藏书"这几个字露出麻纸的底色，整体色调比较暖。我就让学生试一下深钻蓝色，发现效果不错，稳重中透着古朴。

图1人物脸向右看，文字刻在左侧，顺势而下，竖着排版很中式。此处的文字部分采用在背景版上直接刻的方法，而不是再印第三种颜色，那样会显得画面颜色过于花哨。图2这种异形的图案具有形式美，但学生的字体设计没有考虑图案的形状，应该顺势而为。棕色版的形状可以再精准一些。图3这个凤的形象没有前两个好，更像外国足球队的标志。棕色版应该更古典一些。图4这个凤的形象比较好，但是文字有些大。可以多留一些非白，这样更有版画的味道。图5这个纹样的凤凰造型不是很好，没有表现出高贵唯美的感觉，背景板的尺寸没有很好地贴和纹样。图6这个纹样较好，凤凰身体的造型融入了植物的元素，文字部分生硬，应该结合纹样的造型有一些弧度。

① ②

③ ④

⑤ ⑥

二

回
声

作者是四年级小学生杨景仪，9岁，在北京土生土长。在创作时我让她回忆一下印象深刻的事物，最终确定下来刻老北京辅首，那些威风凛凛的狮子造型让她很感兴趣。于是我们挑选了牛皮纸来印她的藏书票作品。

图1底色版对色不准确，在纹样的细节雕刻上还应该再精致一些。图2这个藏书票中狮子的形象模糊，辨识度不高。狮子的鬃毛和四角形的结合没得到很好的体现。还应注意"吉祥如意"的文字的笔画。图3整体效果不错，很浑厚，很好地体现了狮子的威武。眼睛刻画得比较细腻，头上和眉毛的毛发部分应该再精致一些。图4每个细节较之以前都有很明显的提升，可清晰地看出雄狮嘴里咬着圆环。图5这个辅首的特点是圆环和龙的大小相似，打眼看这幅作品，下面的圆环很凸显，因为轮廓线较粗，而上面龙的纹样不够霸气，外圈的铆钉纹不够刻画，有些主次不分明。图6狮子造型很风趣，下面门环上的雕刻有些乱，应该组织一下线条。

① ② ③ ④ ⑤ ⑥

三 青铜时代

　　作者是初一年级学生孙嘉侠，13 岁。他去上海博物馆参观后对青铜器的印象非常深刻。该生有多年的美术基础和书法基础，所以我和他共同定下了青铜器藏书票的主题，用仿古的宣纸作为印制的底色，选用高等细节印台中的森林绿和黑色来印套色版。教学生学会查篆书字典，用立方体的橡皮雕刻一枚篆书印章，特别是"孙"字的篆书写法很像结绳记事的样貌。此处不能用大红色，应选取更沉稳的红色做出复古效果。

　　图 1 这个青铜纹饰的造型很有意思，扇形残片饰以夔龙纹。看起来比较薄，没有青铜的厚重感。图 2 的纹样刻得很棒，隐隐约约地还显出版画的刀痕感，底色版要想做套色的绿色背景的面积过大，应该雕刻成前面纹样的形状，再配以手柄印制，就解决了边缘过于细小不好印刷的问题。图 3 这个祥兽呈现出的形式很完整，套色整齐，如果精益求精的话，可以在边缘上加几个破损的刀口，有一些飞白，像中国画中的笔断意连。图 4 完成度很高，作为刚接触版画没多久的初一学生，做成这样非常棒了。图 5 的纹样形式有趣，套色不够准确。作为系列作品的一部分刻大一些更谐调。图 6 整体效果很好，套色很准，图案呈二方连续的带状纹样蕉叶纹，这种纹饰在青铜器上寓意四方兴盛。

四

四季平安

这个系列的作者是小学四年级学生张艺含，9岁。她在博物馆中见到了汉代的画像砖，觉得单色的线条很有力量。我们探讨想着用橡皮章的方式做出浮雕的效果。又受观复博物馆中四季平安的花窗的启发，决定用橡皮章雕刻汉代画像砖效果的四季平安藏书票。（注：四季平安是中国传统吉祥纹样，纹饰以四季花和瓶组成，民间常把四季花作为四季幸福美好的象征，"瓶"与"平"同音，由于是同音，所以瓶子的寓意多取"平安"的祝愿。）

为了模仿汉代画像砖"拙"的艺术特点，我特意让学生先手绘线条再进行雕刻。她从5岁开始学画画，已经具备一定造型能力，所以完全可以完成主体的描绘和花窗的结构。植物的线条较粗，显得很有生命力，如果花瓶再刻粗点就更好了。

①

②

7/10　T3　下江南（四）　刘振铎　2017.7

③

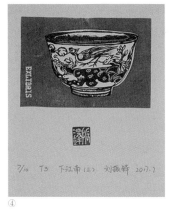

7/10　T3　下江南（三）　刘振铎　2017.7

④

⑤

7/10　T3　下江南（六）　刘振铎　2017.7

⑥

五 下江南

这个系列的作者是初一年级学生刘振铎，13岁，他参观完马未都的观复博物馆后对青花瓷印象深刻，于是我就让他把参观的照片打印出来，做成套色藏书票的素材。颜色选取群青色的印台，背景色选取素雅的冷灰来衬托青花瓷的品格。

看到这个瓶子图1上的神兽就能想起这个小作者。神兽活灵活现，刻得很生动。学生很喜欢图2瓶颈上的二方连续纹样，回形纹给人一种秩序感和平衡感。安静的回形纹衬托了中间主体的凤，展现出凤动作的轻盈与唯美。图3三足的器形很别致，套色准确，是以线条为主的，可以多加一些面的元素，使画面看起来有层次感。图4横构图的青花碗感觉很有乾隆下江南时的意境，群青的颜色很好地诠释了江南阴雨天的湿润空气。图5大块的群青稳稳地立在空间里，中间的线条细腻丰富，疏密变化掌握得很好，可以说是"疏可跑马，密不透风"。图6雕刻的线条有粗有细，有轻有重，走向不同，长短不一，变化丰富。

①

②

⑤

③

⑥

④

六
中西对画

这个系列的作者是初一年级学生杨舒涵，13岁。她是我的美术课代表，一次下课兴致冲冲地跑过来跟我说："老师，我想刻这个玛雅人的图腾，还有这个中国传统中代表吉祥图案的动物，可是好纠结刻哪个呢？"经过探讨，我为她制定了"中西对画"的题目，一语双关地诠释了两个不同民族的美术文化。在雕刻过程中，我也让她体会了玛雅人图腾中人物动态简单的造型特点；东方的纹样则非常精美的特色。学生边刻边体会了图腾和纹样的魅力。对于配色，经过多次尝试，决定用邻近色去印制，仿佛置身于那种文化之中，被大地母亲环抱。

工作室一角

皇后快问快答

1. 印台选哪种比较好？

答：主要看你有什么需要。想要印在布上面的，选日本布纸两用印台；想要印在玻璃塑料上的，选日本 STAZON 印台；想要印纸上的，就选日本的水滴印台和美国的猫眼印台。想要特殊效果，如复古做旧的，就选美国 HOLTZ 的旧色印台。刚开始，可以选择比较便宜、性价比比较高的印台，应以节省开支为主。

2. 请皇后推荐颜色！

答：本皇后还真的不推荐颜色，因为每个人的审美都不一样，我觉得好看，你不一定喜欢。所以请尽可能自己选择。至于色差方面，我倒是推荐大家看色谱，毕竟是厂家做的，经过了这么多年的验证和完善，我想应该会比照片准一些。

3. 为什么印台看起来颜色很深，印出来很浅呢？

答：很正常。一个印台会有多少墨水沉积呀，使用后的颜色肯定要比印台"看上去"的颜色要浅很多。

4. 日本和美国的印台差别在哪里？

答：产地不一样，用料不一样：

（1）日本的印台颜色偏淡雅，采用的是和色，种类比较多，印布、印纸、印玻璃都有。

（2）美国的印台外形比较抢眼别致，颜色采用国际标准色，印台偏干偏淡，需要大力拍按上色。

5. 有些印台的质地为什么不一样?

答: 每种墨水所保存的介质有所不同。一般速干印台的印面都会比较干涩,利于表现细微线条。浮水印台表面会比较光洁,利于拍章子上凸粉。

6. 我的章子很大,但是印台都很小怎么办?

答: 一点也不怕。现在都是用印台倒置去拍章子哦,所以即使你的章子有冰箱这么大,印台只有冰块这么小,都不是问题。

7. 印台有保质期吗?

答: 有的。每件东西都是有使用期限的。一般印台从开封开始算保质期为两年。但是只要保存得当,印台不干,就可以一直用哦。皇后自己的印台都还在用,都有三年了哦。

8. 橡皮章染上印台的颜色擦不掉了,怎么办?

答: 想要章子恢复成白净粉嫩的样子是不可能的,除非用的是透明的浮水印台或者白色印台。一般有色印台拍上去之后都会留下痕迹。我们能做的,只是尽量把章子上的残余印油擦干净,以免沾染到别的印台上而导致串色。

9. 一个印台大概能使用多少次？

答：这个问题没有办法回答哦！因为每个人使用的习惯、频率以及保存方法都不同。有些玩家使用频率大，又不好好保存，有可能印台很快就干。相反，用上一年、两年的玩家也大有人在。所以这个真的是说不准的，有时候和运气也有关，万一灌装印油的时候出现偏差，一个印油多、一个印油少也是说不准的。

10. 刚开始刻章需要配手柄吗？

答：先来回答下为什么要配手柄这个问题。有使用过手柄的都有体会，使用手柄以后，盖印确实会比未使用时稳，印章的效果会比较清晰。新手可以先选尺寸比较小的手柄，比如3cm×3cm、2cm×4cm、4cm×4cm之类的。不确定自己会刻出多大的章子之前，选小手柄是不会错的。

11. 这么多刻刀，要买哪个好？

答：请先看下雕刻刀刀头图解。对于新手，一般推荐选用"啄木鸟"，虽然很多人觉得它有些不灵活，但性价比很高，适合抱着玩玩的心态试试看的人们，丢掉也不会觉得可惜。等自己兴趣得到了培养，再升级刀具也来得及。

图书在版编目（CIP）数据

版画遇见橡皮章 / 橡皮皇后著. —重庆：重庆大
学出版社，2019.1
ISBN 978-7-5689-1031-6

Ⅰ. ①版 … Ⅱ. ①橡… Ⅲ. ①印章–手工艺品–制作
Ⅳ. ①TS951.3

中国版本图书馆CIP数据核字（2018）第041525号

版画遇见橡皮章
Banhua YuJian Xiangpizhang

橡皮皇后　著

策　　划　重庆图书　重庆日报报业集团图书出版有限责任公司

责任编辑　汪　鑫

责任校对　谢　芳

装帧设计　重庆凡然文化创意有限公司

责任印制　邱　瑶

重庆大学出版社出版发行

出版人　易树平

社址　（401331）重庆市沙坪坝区大学城西路21号

电话　（023）88617190 88617185（中小学）

传真　（023）88617186 88617166

网址　http://www.cqup.com.cn

邮箱　fxk@cqup.com.cn（营销中心）

全国新华书店经销

印刷　重庆共创印务有限公司印刷

开本：889mm×1194mm　1/32　印张：5.5　字数：88千
2019年1月第1版　2019年1月第1次印刷
ISBN 978-7-5689-1031-6　定价：48.00元